ZHISHI
KONGLONG
TUJIAN

食龙鉴
植恐图

童心 编著

化学工业出版社
·北京·

图书在版编目（CIP）数据

植食恐龙图鉴 / 童心编著. --北京 ：化学工业出
版社，2025．5. -- ISBN 978-7-122-47793-4

Ⅰ. Q915.864-49

中国国家版本馆CIP数据核字第2025A7F413号

责任编辑：史　懿　　　　装帧设计：史利平　宁静静
责任校对：李露洁　　　　排版设计：溢思视觉设计

出版发行：化学工业出版社
　　　　　（北京市东城区青年湖南街13号　邮政编码100011）
印　　装：河北尚唐印刷包装有限公司
889mm×1194mm　1/24　印张6
2025年6月北京第1版第1次印刷

购书咨询：010-64518888　　　　售后服务：010-64518899
网　　址：http://www.cip.com.cn

定　　价：68.00元　　　　　　　　　版权所有　违者必究

扫码听115种
植食恐龙小知识

开启恐龙时代的探索之旅
115种植食恐龙生存状态
趣味知识全解析

前言

在这个神奇的世界上，曾经生活着一种强大又神秘的生物——恐龙！它们是史前时代的王者，在陆地上称霸了大约1.6亿年。它们是远古地球生命的奇迹，以惊人的智慧和强壮的身体在各自的领地中驰骋。

恐龙按照食性分为两大类：植食恐龙、肉食恐龙。这本《植食恐龙图鉴》详尽列出了27科共115种植食恐龙，从高达几十米的庞然大物到只有几十厘米的小不点，每一种都有其独有的特征和魅力。

本书画面精美，文字简洁，并附以音频介绍植食恐龙小知识。书中的图画全部采用写实手法进行绘制，生动展现了各种植食恐龙的外形特征和栖息环境。每一幅图都让人仿佛置身于遥远的时代，感受到这些史前巨兽的威武与优雅。你看，巨无霸地震龙正在集体出游，梁龙正在用它的长尾巴打翻侵袭的敌人。这些恐龙栩栩如生，你仿佛听到它们的吼叫，感受到它们奔跑的气息。

书中简单介绍了植食恐龙的分类以及它们各种神奇的防御武器。每种恐龙都详尽介绍了其生活的时期、种群分类、体长、体重、食物等信息。这本书不仅是一场视觉上的盛宴，更是引导孩子们了解植食恐龙的绝佳途径。无论是对恐龙充满好奇的孩子，还是刚刚接触古生物的小朋友，都能从这本图鉴中找到乐趣与知识。让我们携手踏上这段神秘的旅程，揭开植食恐龙的秘密，体验那个充满奇迹的恐龙时代吧！

童心

2025年3月

目录

扫码听115种
植食恐龙小知识

植食恐龙的分类

扫码听115种
植食恐龙小知识

鸟脚类

肿头龙类

剑龙类

甲龙类

原蜥脚类

角龙类

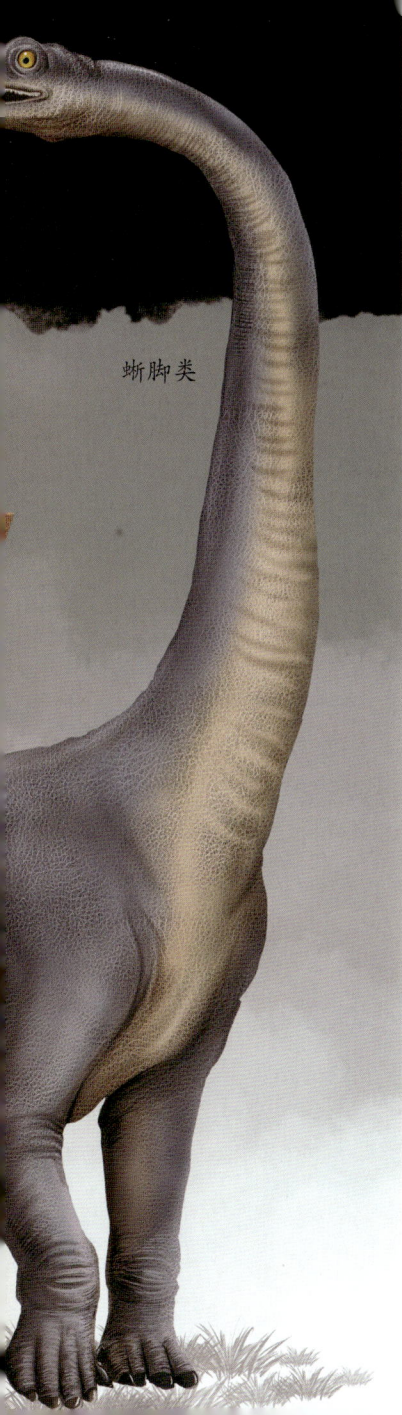

蜥脚类

植食恐龙是相对于肉食恐龙而言的，它们的食物大多是灌木、树叶、树枝以及羊齿等植物，而不是肉类，这是区分二者的主要依据。

根据恐龙腰带的构造特征不同，恐龙主要分为蜥臀目和鸟臀目两大类，而蜥臀目又可以分为原蜥脚类、蜥脚类和兽脚类。其中，前两类基本都是植食恐龙，而兽脚类基本为肉食恐龙。

鸟臀目恐龙比蜥臀目恐龙的种类和数量都要多很多，主要分为五大类，即鸟脚类、剑龙类、甲龙类、角龙类和肿头龙类。它们都是"素食主义者"。

植食恐龙的防御策略

尖角和颈盾

　　尖角是角龙类恐龙身体上强大的防御武器。它们的角如同现在的犀牛角一样，在遇到敌人时，如果狠狠撞击对方，就会让敌人受伤。

骨板

在甲龙类恐龙的体表，蒙着一层结实的"装甲"，保护着自身。那么，这层"装甲"究竟是什么呢？古生物学家认为，那其实是骨质化的皮肤，因此非常坚硬，堪称甲龙类恐龙的"金钟罩""铁布衫"。

当遇到不好对付的敌人时，甲龙类恐龙会把身体蜷缩起来，让长着尖刺与瘤状物的坚硬皮肤直面敌人。这种行为让捕食者无从下口。

骨刺

很多剑龙类恐龙的肩背部以及尾巴都长有锋利的骨刺，这样也是为了让捕食者感到畏惧，从而慎重考虑是否继续捕猎。

禽龙科恐龙既没有锋利的骨刺，也没有结实的骨板，那它们怎么应对敌人呢？答案就在它们的前肢拇指上。那里长着尖锐的骨刺，可以对抗一些捕食者的袭击。

尾巴

　　你知道吗？尾巴对恐龙而言，除了能起到平衡作用，还是植食恐龙的强力"武器"。

　　梁龙等蜥脚类恐龙都有一个超长的尾巴，尾巴末端非常细，看上去就像一条鞭子。如果那些胆大包天的捕食者敢靠近，梁龙就会用尾巴狠狠地抽向敌人，对方必定会疼痛难忍。

　　甲龙的尾巴上有一个大大的"锤子"。那是甲龙类恐龙的特点之一——尾锤。在遇到袭击的捕食者时，它们会抡圆了尾巴，然后挥动尾锤，狠狠地砸向敌人。

　　剑龙类恐龙靠的是尾巴上的数根尖刺。这些尖刺就像一把把锋利的宝剑一般。当遭遇天敌时，剑龙类恐龙就会甩着尾刺给对方身体开洞。

甲龙尾巴

剑龙尾巴

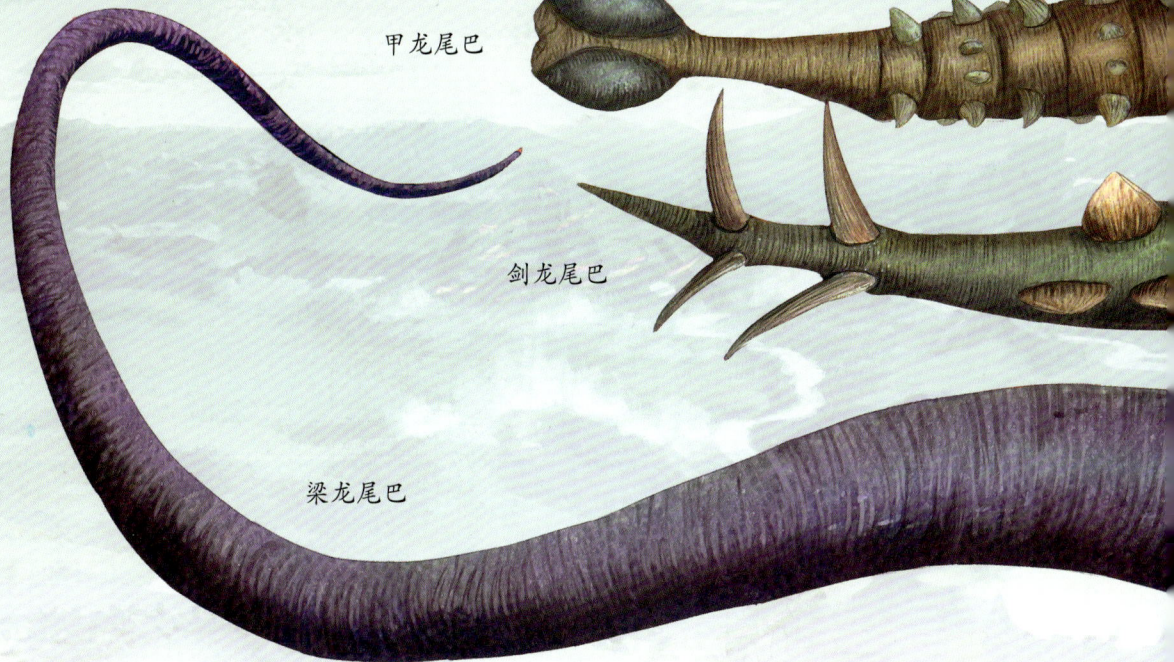

梁龙尾巴

9

伪装

　　和很多现代动物一样，植食恐龙也有伪装自己的习惯。古生物学家推测，当时的植食恐龙很可能会利用自身体表的花纹，将自己伪装起来，以避免捕食者的侵害。不得不说，这还真是一着"妙棋"！

根据已有的线索，古生物学家推测，鸭嘴龙类恐龙为了避免自己被捕食者发现，渐渐学会了一种"伪装"手段，那就是让自己的皮肤长满花花绿绿的条纹。这样，鸭嘴龙类恐龙就能够靠着天然的伪装，混迹在森林里，不留任何痕迹。

多种多样的鸭嘴龙

赖氏龙

原栉龙

冠龙

格里芬龙

幼年冠龙

副栉龙

大冠赖氏龙

板龙科

板龙
Plateosaurus

- **生活时期**：三叠纪晚期
- **种　群**：原蜥脚类
- **体　长**：6～8米
- **体　重**：1.4～1.5吨
- **食　物**：蕨类、嫩树枝
- **化石产地**：法国、瑞士、德国

扫码听115种
植食恐龙小知识

鼠龙
Mussavrvs

- **生活时期**：三叠纪晚期
- **体　　长**：2～3米
- **食　　物**：植物
- **种　　群**：原蜥脚类
- **体　　重**：70千克
- **化石产地**：阿根廷

云南龙
Yunnanosaurus

- **生活时期**：侏罗纪早期
- **种　　群**：原蜥脚类
- **体　　长**：7～13米
- **体　　重**：2～3吨
- **食　　物**：植物
- **化石产地**：中国

禄丰龙
Lufengosaurus

- **生活时期**：侏罗纪早期
- **种　群**：原蜥脚类
- **体　长**：6～7米
- **体　重**：约3.5吨
- **食　物**：植物
- **化石产地**：中国

板龙科 BANLONGKE

15

里奥哈龙科

里奥哈龙
Riojasaurus

- **生活时期**：三叠纪晚期
- **种　　群**：原蜥脚类
- **体　　长**：约 10 米
- **体　　重**：不详
- **食　　物**：植物
- **化石产地**：阿根廷

黑丘龙科

黑丘龙
Melanorosaurus

- 生活时期：三叠纪晚期
- 种　　群：原蜥脚类
- 体　　长：8 ~ 10 米
- 体　　重：约 1.3 吨
- 食　　物：植物
- 化石产地：南非

大椎龙科

大椎龙
Massospondylus

- **生活时期**：侏罗纪早期
- **体　　长**：4～6米
- **食　　物**：植物
- **种　　群**：原蜥脚类
- **体　　重**：约135千克
- **化石产地**：美国、莱索托、纳米比亚、津巴布韦

巴塔哥尼亚龙

Patagosaurus

- 生活时期：侏罗纪中期
- 体　长：18 米
- 食　物：植物
- 种　群：蜥脚类
- 体　重：不详
- 化石产地：阿根廷

■ 生活时期：侏罗纪中期　　　■ 种　　群：蜥脚类
■ 体　　长：约16米　　　　　■ 体　　重：约25吨
■ 食　　物：植物　　　　　　■ 化石产地：非洲北部、英格兰

鲸龙
Cetiosaurus

- **生活时期**：侏罗纪中期
- **体　长**：约 12 米
- **食　物**：植物
- **种　群**：蜥脚类
- **体　重**：约 2.5 吨
- **化石产地**：中国

鲸龙科

蜀龙
Shunosaurus

腕龙科

腕龙
Brachiosaurus

- 生活时期：侏罗纪晚期
- 种　　群：蜥脚类
- 体　　长：约25米
- 体　　重：20～30吨
- 食　　物：植物
- 化石产地：美国、东非一些国家

22

长颈巨龙
Giraffatitan

- 生活时期：侏罗纪晚期
- 种　　群：蜥脚类
- 体　　长：22～26米
- 体　　重：不详
- 食　　物：植物
- 化石产地：坦桑尼亚

波塞东龙
Sauroposeidon

- 生活时期：白垩纪早期
- 种　　群：蜥脚类
- 体　　长：约30米
- 体　　重：50～60吨
- 食　　物：植物
- 化石产地：北美洲

24

梁龙科

地震龙
Seismosaurus

- 生活时期：侏罗纪晚期
- 种　　群：蜥脚类
- 体　　长：30～40米
- 体　　重：40～50吨
- 食　　物：植物
- 化石产地：美国

迷惑龙
Apatosaurus

- **生活时期**：侏罗纪晚期
- **体　长**：23 米
- **食　物**：植物
- **种　群**：蜥脚类
- **体　重**：约 20 吨
- **化石产地**：美国、墨西哥

梁龙
Diplodocus

- 生活时期：侏罗纪晚期
- 体　　长：约27米
- 食　　物：植物
- 种　　群：蜥脚类
- 体　　重：10～20吨
- 化石产地：北美洲、非洲

27

重龙
Barosaurus

双腔龙
Amphicoelias

- 生活时期：侏罗纪晚期
- 体　长：40～60米
- 食　物：植物
- 种　群：蜥脚类
- 体　重：不详
- 化石产地：美国

29

超龙

Supersaurus

- 生活时期：侏罗纪晚期
- 种　　群：蜥脚类
- 体　　长：33 ～ 34 米
- 体　　重：30 ～ 41 吨
- 食　　物：植物
- 化石产地：美国

泰坦巨龙科

阿拉摩龙
Alamosaurus

- 生活时期：白垩纪晚期
- 种　　群：蜥脚类
- 体　　长：约 30 米
- 体　　重：70～80 吨
- 食　　物：植物
- 化石产地：北美洲

■ 生活时期：白垩纪中晚期　　■ 种　群：蜥脚类
■ 体　长：30～45 米　　■ 体　重：80～100 吨
■ 食　物：植物　　■ 化石产地：阿根廷

阿根廷龙
Argentinosaurus

■ 生活时期：白垩纪晚期
■ 体　长：15～16米
■ 食　物：植物

■ 种　群：蜥脚类
■ 体　重：约8吨
■ 化石产地：欧洲

葡萄园龙
Ampelosaurus

33

- 生活时期：白垩纪晚期
- 体　长：约 20 米
- 食　物：植物
- 种　群：蜥脚类
- 体　重：40 ~ 80 吨
- 化石产地：埃及

萨尔塔龙
Saltasaurus

- 生活时期：白垩纪晚期
- 体　长：8～12米
- 食　物：植物
- 种　群：蜥脚类
- 体　重：7～12吨
- 化石产地：阿根廷、乌拉圭

叉龙科

短颈潘龙
Brachytrachelopan

36

- 生活时期：白垩纪早期
- 体　长：9 ~ 10米
- 食　物：植物
- 种　群：蜥脚类
- 体　重：不详
- 化石产地：阿根廷

叉龙科
CHALONGKE

阿马加龙
Amargasaurus cazaui

叉龙

Dicraeosaurus

- **生活时期**：侏罗纪晚期
- **种　　群**：蜥脚类
- **体　　长**：12 米
- **体　　重**：不详
- **食　　物**：植物
- **化石产地**：坦桑尼亚

马门溪龙
Mamenchisaurus

- 生活时期：侏罗纪晚期
- 种　群：蜥脚类
- 体　长：约26米
- 体　重：约50吨
- 食　物：植物
- 化石产地：中国

峨眉龙
Omeisaurus

- 生活时期：侏罗纪中晚期
- 种　群：蜥脚类
- 体　长：约20米
- 体　重：10～30吨
- 食　物：植物
- 化石产地：中国

圆顶龙科

圆顶龙
Camarasaurus

- 生活时期：侏罗纪晚期
- 种　　群：蜥脚类
- 体　　长：8 ~ 23 米
- 体　　重：15 ~ 50 吨
- 食　　物：植物
- 化石产地：美国、墨西哥

盘足龙
Euhelopus

- 生活时期：白垩纪早期
- 种　　群：蜥脚类
- 体　　长：11～15 米
- 体　　重：15～20 吨
- 食　　物：植物
- 化石产地：中国

法布尔龙科

法布尔龙
Fabrosaurus

- 生活时期：侏罗纪早期
- 种　　群：鸟脚类
- 体　　长：约 1 米
- 体　　重：约 15 千克
- 食　　物：植物
- 化石产地：非洲

44

奥斯尼尔龙科

盐都龙
Yandusaurus

- 生活时期：侏罗纪中期
- 种　　群：鸟脚类
- 体　　长：1～4米
- 体　　重：约140千克
- 食　　物：植物
- 化石产地：中国

45

雷巴齐斯龙科

雷巴齐斯龙
Rebbachisavrvs

- 生活时期：白垩纪晚期
- 种　　群：蜥脚类
- 体　　长：14～20米
- 体　　重：约7吨
- 食　　物：植物
- 化石产地：非洲

46

醒龙
Abrictosaurus

- 生活时期：侏罗纪早期
- 体　　长：约 1.2 米
- 食　　物：植物，可能有昆虫
- 种　　群：鸟脚类
- 体　　重：约 45 千克
- 化石产地：非洲南部

畸齿龙

Heterodontosaurus

- **生活时期**：侏罗纪早期
- **体　　长**：约1米
- **食　　物**：植物，可能有昆虫
- **种　　群**：鸟脚类
- **体　　重**：不详
- **化石产地**：南非

天宇龙
Tianyulong

- **生活时期**：侏罗纪晚期至白垩纪早期
- **种　　群**：鸟脚类
- **体　　长**：约70厘米
- **体　　重**：5千克
- **食　　物**：植物
- **化石产地**：亚洲

灵龙
Agilisaurus

- 生活时期：侏罗纪中期
- 种　　群：鸟脚类
- 体　　长：约2米
- 体　　重：不详
- 食　　物：植物
- 化石产地：中国

棱齿龙
Hypsilophodon

- 生活时期：白垩纪早期
- 体　　长：约2米
- 食　　物：植物
- 种　　群：鸟脚类
- 体　　重：50 ~ 70 千克
- 化石产地：欧洲、北美洲、澳大利亚、亚洲

奔山龙
Orodromeus

- 生活时期：白垩纪晚期
- 体　　长：约2.5米
- 食　　物：植物
- 种　　群：鸟脚类
- 体　　重：50～70千克
- 化石产地：美国

帕克氏龙

Parksosaurus

- 生活时期：白垩纪晚期
- 种　　群：鸟脚类
- 体　　长：2～2.5 米
- 体　　重：约 45 千克
- 食　　物：植物
- 化石产地：加拿大

54

禽龙
Iguanodon

- 生活时期：白垩纪早期
- 种　　群：鸟脚类
- 体　　长：9～10米
- 体　　重：3.4～4.5吨
- 食　　物：植物
- 化石产地：欧洲、北非、北美洲

橡树龙
Dryosaurus

- 生活时期：侏罗纪晚期
- 种　群：鸟脚类
- 体　长：约3米
- 体　重：77～91千克
- 食　物：植物
- 化石产地：美国、非洲东部

豪勇龙

Ouranosaurus

- 生活时期：白垩纪早期
- 种　　群：鸟脚类
- 体　　长：约7米
- 体　　重：2～3吨
- 食　　物：植物
- 化石产地：非洲

腱龙
Tenontosaurus

- 生活时期：白垩纪早期
- 种　　群：鸟脚类
- 体　　长：7～10米
- 体　　重：2～5吨
- 食　　物：植物
- 化石产地：北美洲

木他龙
Muttaburrasaurus

- 生活时期：白垩纪早期
- 种　　群：鸟脚类
- 体　　长：7～9米
- 体　　重：2～4吨
- 食　　物：植物
- 化石产地：澳大利亚

高吻龙
Altirhinus

- 生活时期：白垩纪早期
- 种　　群：鸟脚类
- 体　　长：6～8米
- 体　　重：1～2.5吨
- 食　　物：植物
- 化石产地：蒙古国

弯龙

Camptosaurus

- 生活时期：侏罗纪晚期
- 种　　群：鸟脚类
- 体　　长：5～7米
- 体　　重：约1吨
- 食　　物：植物
- 化石产地：欧洲、北美洲

鸭嘴龙科

始鸭嘴龙
Protohadros

- 生活时期：白垩纪晚期
- 种　　群：鸟脚类
- 体　　长：4.6～8米
- 体　　重：不详
- 食　　物：植物
- 化石产地：中国、美国、加拿大

副栉龙

Parasaurolophus

- 生活时期：白垩纪晚期
- 种　　群：鸟脚类
- 体　　长：约 9.5 米
- 体　　重：约 2.5 吨
- 食　　物：植物
- 化石产地：美国、加拿大

冠龙
Corythosaurus

- 生活时期：白垩纪晚期
- 种　　群：鸟脚类
- 体　　长：9 ~ 10 米
- 体　　重：约 4 吨
- 食　　物：植物
- 化石产地：美国、加拿大

短冠龙
Brachylophosaurus

- 生活时期：白垩纪晚期
- 种　　群：鸟脚类
- 体　　长：约9米
- 体　　重：2～3吨
- 食　　物：植物
- 化石产地：美国、加拿大

赖氏龙
Lambeosaurus

- 生活时期：白垩纪晚期
- 种　　群：鸟脚类
- 体　　长：9 ~ 15 米
- 体　　重：约 3 吨
- 食　　物：植物
- 化石产地：北美洲

亚冠龙

Hypacrosaurus

- 生活时期：白垩纪晚期
- 种　　群：鸟脚类
- 体　　长：约9米
- 体　　重：约4吨
- 食　　物：植物
- 化石产地：美国、加拿大

巴克龙
Bactrosaurus

- 生活时期：白垩纪晚期
- 体　长：约6米
- 食　物：植物
- 种　群：鸟脚类
- 体　重：1.1～1.5吨
- 化石产地：中国、蒙古国

70

棘鼻青岛龙

Tsintaosaurus spinorhinus

- 生活时期：白垩纪晚期
- 体　　长：6～8米
- 食　　物：植物
- 种　　群：鸟脚类
- 体　　重：1.5～2.5吨
- 化石产地：中国

栉龙
Saurolophus

- 生活时期：白垩纪晚期
- 种　　群：鸟脚类
- 体　　长：9 ~ 10 米
- 体　　重：约 3 吨
- 食　　物：植物
- 化石产地：北美洲、亚洲

满洲龙

Mandschurosaurus

- 生活时期：白垩纪晚期
- 种　　群：鸟脚类
- 体　　长：8 ～ 10 米
- 体　　重：2 ～ 3 吨
- 食　　物：植物
- 化石产地：中国

山东龙
Shantongosaurus

- 生活时期：白垩纪晚期
- 种　　群：鸟脚类
- 体　　长：12～16米
- 体　　重：6～16吨
- 食　　物：植物
- 化石产地：中国

慈母龙
Maiasaura

- 生活时期：白垩纪晚期
- 种　　群：鸟脚类
- 体　　长：约9米
- 体　　重：约2吨
- 食　　物：植物
- 化石产地：美国、加拿大

埃德蒙顿龙
Edmontosaurus

- 生活时期：白垩纪晚期
- 体　长：11～13米
- 食　物：植物
- 种　群：鸟脚类
- 体　重：3～4吨
- 化石产地：美国、加拿大

扇冠大天鹅龙
Olorotitan

- 生活时期：白垩纪晚期
- 体　　长：10～12米
- 食　　物：植物
- 种　　群：鸟脚类
- 体　　重：2～3吨
- 化石产地：俄罗斯

大鸭龙
Anatotitan

- **生活时期**：白垩纪晚期
- **种　　群**：鸟脚类
- **体　　长**：9～12米
- **体　　重**：3～4吨
- **食　　物**：植物
- **化石产地**：北美洲

剑龙科

剑龙
Stegosaurus

- 生活时期：侏罗纪晚期
- 种　　群：剑龙类
- 体　　长：6～9米
- 体　　重：2～6吨
- 食　　物：植物
- 化石产地：欧洲、北美洲

钉状龙
Kentrosaurus

- **生活时期**：侏罗纪晚期
- **体　长**：约 5 米
- **食　物**：植物
- **种　群**：剑龙类
- **体　重**：约 1.5 吨
- **化石产地**：坦桑尼亚

华阳龙
Huayangosaurus

- **生活时期**：侏罗纪中期
- **体　长**：约 4.5 米
- **食　物**：植物
- **种　群**：剑龙类
- **体　重**：约 1.5 吨
- **化石产地**：中国

嘉陵龙
Chialingosaurus

- 生活时期：侏罗纪晚期
- 种　　群：剑龙类
- 体　　长：4～5米
- 体　　重：700千克
- 食　　物：植物
- 化石产地：中国

沱江龙
Tuojiangosaurus

- 生活时期：侏罗纪晚期
- 种　　群：剑龙类
- 体　　长：约 7.5 米
- 体　　重：约 3 吨
- 食　　物：植物
- 化石产地：中国

■ 生活时期：侏罗纪晚期　　■ 种　群：剑龙类
■ 体　长：约5.4米　　■ 体　重：约1.5吨
■ 食　物：植物　　■ 化石产地：中国

巨棘龙
Gigantspinosaurus

甲龙科

- 生活时期：白垩纪晚期
- 体　　长：7～11米
- 食　　物：植物
- 种　　群：甲龙类
- 体　　重：4～7吨
- 化石产地：玻利维亚、美国、墨西哥

甲龙科
甲龙
Ankylosaurus

多刺甲龙
Polacanthus

- 生活时期：白垩纪早期
- 种　　群：甲龙类
- 体　　长：4～5米
- 体　　重：约1吨
- 食　　物：植物
- 化石产地：英国

加斯顿龙
Gastonia

- 生活时期：白垩纪早期
- 种　　群：甲龙类
- 体　　长：4～6米
- 体　　重：1～2吨
- 食　　物：植物
- 化石产地：北美洲

生活时期：白垩纪早期　　种　群：甲龙类

体　　长：5～6米　　　体　重：约1吨

食　　物：植物　　　　　化石产地：欧洲

林龙

Hylaeosaurus

美甲龙
Saichania

- 生活时期：白垩纪晚期
- 体　　长：5～7米
- 食　　物：植物
- 种　　群：甲龙类
- 体　　重：约2吨
- 化石产地：蒙古国

多智龙
Tarchia

- 生活时期：白垩纪晚期
- 种　群：甲龙类
- 体　长：8～8.5米
- 体　重：约4.5吨
- 食　物：植物
- 化石产地：蒙古国

包头龙
Evoplocephalus

- 生活时期：白垩纪晚期
- 种　　群：甲龙类
- 体　　长：约6米
- 体　　重：约3吨
- 食　　物：植物
- 化石产地：北美洲

结节龙科

结节龙
Nodosaurus

- 生活时期：白垩纪晚期
- 种　　群：甲龙类
- 体　　长：4～6米
- 体　　重：2～2.5吨
- 食　　物：植物
- 化石产地：北美洲

棘甲龙
Acanthopholis

- 生活时期：白垩纪早期
- 种　　群：甲龙类
- 体　　长：3～5.5米
- 体　　重：约0.38吨
- 食　　物：植物
- 化石产地：英格兰

厚甲龙
Struthiosaurus

- 生活时期：白垩纪晚期
- 种　　群：甲龙类
- 体　　长：2～4米
- 体　　重：不详
- 食　　物：植物
- 化石产地：欧洲

蜥结龙
Savropelta

- 生活时期：白垩纪早期
- 种　　群：甲龙类
- 体　　长：约 5 米
- 体　　重：约 1.5 吨
- 食　　物：植物
- 化石产地：北美洲

埃德蒙顿甲龙
Edmontonia

- 生活时期：白垩纪晚期
- 体　　长：6～7米
- 食　　物：植物
- 种　　群：甲龙类
- 体　　重：约3吨
- 化石产地：北美洲

■ 生活时期：白垩纪早期
■ 体　长：约 2 米
■ 食　物：植物
■ 种　群：甲龙类
■ 体　重：约 0.4 吨
■ 化石产地：澳大利亚

结节龙科

敏迷龙
Minmi

鹦鹉嘴龙科

- 生活时期：白垩纪早期
- 体　　长：约2米
- 食　　物：植物
- 种　　群：角龙类
- 体　　重：20～80千克
- 化石产地：蒙古国、中国、俄罗斯

鹦鹉嘴龙科

鹦鹉嘴龙
Psittacosaurus

古角龙科

古角龙
Archaeoceratops

- **生活时期**：白垩纪早期
- **体　长**：约1米
- **食　物**：植物
- **种　群**：角龙类
- **体　重**：不详
- **化石产地**：北美洲、亚洲

99

原角龙科

- **生活时期：** 白垩纪晚期
- **体　长：** 1.8 ~ 2.7 米
- **食　物：** 植物
- **种　群：** 角龙类
- **体　重：** 180 ~ 200 千克
- **化石产地：** 中国、蒙古国

原角龙
Protoceratops

■ 生活时期：白垩纪晚期　　■ 种　　群：角龙类
■ 体　　长：约 2 米　　　　■ 体　　重：68 ～ 200 千克
■ 食　　物：植物　　　　　■ 化石产地：北美洲

原角龙科

纤角龙
Leptoceratops

巨嘴龙
Magnirostris

- 生活时期：白垩纪晚期
- 种　　群：角龙类
- 体　　长：约1米
- 体　　重：不详
- 食　　物：植物
- 化石产地：中国

恶魔角龙

Diabloceratops

- 生活时期：白垩纪晚期
- 种　　群：角龙类
- 体　　长：约 5.5 米
- 体　　重：不详
- 食　　物：植物
- 化石产地：北美洲

角龙科 JIAOLONGKE

河神龙
Achelousaurus

- **生活时期**：白垩纪晚期
- **种　群**：角龙类
- **体　长**：约6米
- **体　重**：约3吨
- **食　物**：植物
- **化石产地**：北美洲

104

泰坦角龙
Titanoceratops

- 生活时期：白垩纪晚期
- 体　　长：6～9米
- 食　　物：植物
- 种　　群：角龙类
- 体　　重：约6.55吨
- 化石产地：北美洲

准角龙

Anchiceratops

- 生活时期：白垩纪晚期
- 体　长：5～6米
- 食　物：植物
- 种　群：角龙类
- 体　重：不详
- 化石产地：北美洲

独角龙
Monoclonius

- 生活时期：白垩纪晚期
- 体　长：4～6米
- 食　物：植物
- 种　群：角龙类
- 体　重：约2吨
- 化石产地：北美洲

开角龙
Chasmosaurus

- 生活时期：白垩纪晚期
- 种　　群：角龙类
- 体　　长：5～6米
- 体　　重：2.5～3.5吨
- 食　　物：植物
- 化石产地：北美洲

五角龙
Pentaceratops

- 生活时期：白垩纪晚期
- 种　　群：角龙类
- 体　　长：5～8米
- 体　　重：2.5～7.8 吨
- 食　　物：植物
- 化石产地：北美洲

厚鼻龙

Pachyrhinosaurus

- 生活时期：白垩纪晚期
- 种　　群：角龙类
- 体　　长：5.5～6米
- 体　　重：约4吨
- 食　　物：植物
- 化石产地：加拿大

牛角龙
Torosaurus

- 生活时期：白垩纪晚期
- 种　　群：角龙类
- 体　　长：约 7 米
- 体　　重：4.5 ~ 6.5 吨
- 食　　物：植物
- 化石产地：北美洲

双角龙
Nedoceratops

- 生活时期：白垩纪晚期
- 种　　群：角龙类
- 体　　长：5～9米
- 体　　重：6～12吨
- 食　　物：植物
- 化石产地：北美洲

角龙科 JIAOLONGKE

尖角龙
Centrosaurus

- **生活时期：**白垩纪晚期
- **种　　群：**角龙类
- **体　　长：**6～8米
- **体　　重：**3～4吨
- **食　　物：**植物
- **化石产地：**加拿大

角龙科

华丽角龙
Kosmoceratops

- 生活时期：白垩纪晚期
- 种　　群：角龙类
- 体　　长：5～7米
- 体　　重：约2.5吨
- 食　　物：植物
- 化石产地：美国

■ 生活时期：白垩纪晚期　　■ 种　群：角龙类
■ 体　长：约9米　　　　　■ 体　重：4～9吨
■ 食　物：植物　　　　　　■ 化石产地：美洲

三角龙
Triceratops

野牛龙
Einiosaurus

- 生活时期：白垩纪晚期
- 体　长：约6米
- 食　物：植物
- 种　群：角龙类
- 体　重：约1.3吨
- 化石产地：北美洲

117

戟龙
Styracosaurus

- 生活时期：白垩纪晚期
- 种　　群：角龙类
- 体　　长：5.5～6米
- 体　　重：约3吨
- 食　　物：植物
- 化石产地：北美洲

118

肿头龙
Pachycephalosaurus

- 生活时期：白垩纪晚期
- 种　群：肿头龙类
- 体　长：4～6米
- 体　重：0.5～4吨
- 食　物：植物，有可能吃昆虫
- 化石产地：北美洲

119

冥河龙
Stygimoloch

- 生活时期：白垩纪晚期
- 种　　群：肿头龙类
- 体　　长：2～3米
- 体　　重：约80千克
- 食　　物：植物
- 化石产地：北美洲

120

平头龙
Homealocephale

- 生活时期：白垩纪晚期
- 种　　群：肿头龙类
- 体　　长：约3米
- 体　　重：不详
- 食　　物：植物
- 化石产地：蒙古国

- **生活时期**：白垩纪晚期
- **体　长**：约0.6米
- **食　物**：植物，有可能吃昆虫
- **种　群**：肿头龙类
- **体　重**：不详
- **化石产地**：中国

皖南龙
Wannanosaurus

剑角龙
Stegoceras

- 生活时期：白垩纪晚期
- 种　　群：肿头龙类
- 体　　长：2～3米
- 体　　重：40～80千克
- 食　　物：植物
- 化石产地：北美洲

农神龙
Saturnalia

- 生活时期：三叠纪晚期
- 种　　群：原蜥脚类
- 体　　长：约 1.5 米
- 体　　重：约 10 千克
- 食　　物：植物
- 化石产地：巴西

槽齿龙
Thecodontosaurus

- 生活时期：三叠纪晚期
- 种　　群：原蜥脚类
- 体　　长：1～2.5米
- 体　　重：不详
- 食　　物：植物
- 化石产地：英国

火山齿龙
Vulcanodon

- 生活时期：侏罗纪早期
- 种　　群：蜥脚类
- 体　　长：约7米
- 体　　重：不详
- 食　　物：植物
- 化石产地：非洲南部

近蜥龙
Anchisaurus

- **生活时期**：侏罗纪早期
- **体　长**：约 2 米
- **食　物**：植物，也有可能吃小动物
- **种　群**：原蜥脚类
- **体　重**：约 135 千克
- **化石产地**：中国、美国、南非

欧罗巴龙
Europasaurus

- 生活时期：侏罗纪晚期
- 种　　群：蜥脚类
- 体　　长：1.5～6.2米
- 体　　重：500～1000千克
- 食　　物：植物
- 化石产地：德国

- 生活时期：白垩纪早期
- 体　　长：60～90 厘米
- 食　　物：植物
- 种　　群：鸟脚类
- 体　　重：约 10 千克
- 化石产地：澳洲极地森林

雷利诺龙
Leaellynasaura

130

- 生活时期：侏罗纪早期
- 体　长：约 1.2 米
- 食　物：植物，也可能吃小动物
- 种　群：鸟脚类
- 体　重：10 ～ 20 千克
- 化石产地：莱索托

其他恐龙

莱索托龙
Lesothosaurus

■ 生活时期：侏罗纪早期　　■ 种　　群：鸟脚类

■ 体　　长：约1.2米　　　■ 体　　重：10～20千克

■ 食　　物：植物　　　　　■ 化石产地：美国

小盾龙
Scutellosaurus

扫码听115种
植食恐龙小知识